世博会的科学传奇

太空探秘

赵致真　编著

中国科学技术出版社
·北京·

图书在版编目（CIP）数据

太空探秘/赵致真编著．--北京：中国科学技术出版社，
2013.3（2019.9重印）

（世博会的科学传奇）

ISBN 978-7-5046-5621-6

I.①太…　II.①赵…　III.①空间探索-发展史-世界-普及读
物　IV.① V11-091

中国版本图书馆 CIP 数据核字（2010）第 091529 号

策划编辑　肖　　叶
责任编辑　邓　文　朱　颖
封面设计　阳　　光
责任校对　林　　华
责任印制　李晓霖

中国科学技术出版社出版
北京市海淀区中关村南大街 16 号　邮编：100081
电话：010-62173865　传真：010-62173081
http：//www.cspbooks.com.cn
中国科学技术出版社有限公司发行部发行
莱芜市凤城印务有限公司印刷
※
开本：700 毫米 ×1000 毫米　1/16　印张：7　字数：125 千字
2013 年 3 月第 2 版　2019 年 9 月第 2 次印刷
印数：8001—28000　定价：16.90 元
ISBN 978-7-5046-5621-6/V·51

前　言

　　我们的祖先一直在发明东西。但真正改变人类生存状态乃至地球面貌的伟大发明，都是二百年内的事。肇始于1851年的世博会如同"社会进步的计时员"，近代每项重大科学发明，几乎都在世博会留下了印记。回顾世博会历史，就是在重温近代科技的编年史。

　　以160年世博会的存续变迁为"经"，以各领域科技发展线索为"纬"，我们摄制了20集电视系列片《世博会的科学传奇》，试图对近代文明做一次最简略的概貌性巡礼和盘点。让灿若星汉的天才精英相率登场，展示他们成功的秘密和失败的根源，创造的艰辛和机遇的偶然，精神的崇高和人性的弱点。又试图让这部电视片成为一面筛子，将最有价值的人物和故事留下。并让公众看到未经扭曲和掩盖的历史真相，汲取遥远年代的智慧和哲理。

　　既要对浩瀚的近代科技发明史深钻细研，又要对芜杂的世博会历史广搜博览；既要有高屋建瓴的广阔视野，又要有缜密严谨的科学精神，然后将它们编织成一幅长卷。我们希望这部电视片成为自然科学和人文科学相会的地方，成为历史和人生的宏大讲坛。

　　中国科学技术出版社以《世博会的科学传奇》的文字本为基础，出版一套面向青少年的科普系列丛书，让这部电视片在另一个维度上获得了另一种形式的生命。发明创造是最高级、最复杂、最活跃的人类实践，青少年是最重要、最可塑、最美好的人生阶段。如果这部电视片和这套书能让青少年在成长道路上多一些奋发和进取，在知识结构中多一些科学和人文，在精神食粮中多一些铁质和钙质，并能更清楚地看懂今天的世界，我们就感到无比欣慰了。

　　直接参与《世博会的科学传奇》电视系列片制作的主要人员是：张戟、石易、王俊、蒋应佩、纵红雨、邹蓓、刘术飞、刘艳萍、刘颖、候钢、王海智、方毅、王勇、邓哲、李伟、林红、刘冬晴、曹黎、江涛、李耘、李涛、陈子剑、高淑敏等。这套书中同样有他们的辛勤劳动。

赵致真

2010年5月

目 录

太空探秘

　　天文学不仅是古代科学的源头和摇篮，也是近代科学的"重镇"和前沿。在银河系的万家灯火中，人类在一盏叫做太阳的温暖灯光下成长了自己的文明，并向着辽阔的宇宙张望。我们今天已经把望远镜伸向100亿光年之外的太空深处，我们的航天器已经飞向茫茫银河之滨。我们已经在探索黑洞、类星体、暗物质、暗能量的奥秘并推究宇宙的起源和终结。大自然也许正是通过进化出人类来实现自我认识的。

第一篇

观天巨眼
——仰望星空 400 年

● 在银河系的万家灯火中，人类在一盏叫做太阳的温暖灯光下成长了自己的文明，并向着辽阔的宇宙张望

● 我们今天已经把望远镜伸向100亿光年之外的太空深处

● 我们的航天器已经飞向茫茫银河之滨

● 我们已经在探索黑洞、类星体、暗物质、暗能量的奥秘并推究宇宙的起源和终结

● 大自然也许正是通过进化出人类来实现自我认识的

◎ 1933 年芝加哥世博会没有请总统按下金键钮。开幕式的指令来自遥远苍穹的"星星之火"

◎ 叶凯士天文台用 1 米口径、世界上最大的折射望远镜对准牧夫座 α，即北半球夜空最明亮的大角星

◎ 大角星开启 1933 年世博会的纪念邮品

◎ 1921 年爱因斯坦和叶凯士天文台工作人员合影

● 将捕捉到的光线转化为电信号输送到世博会的阿德勒天文馆，开启了展区的万盏华灯和千尺喷泉

104—The Adler Planetarium,
Grant Park, Chicago

© CURT TEICH & CO., INC.

● 1933 年芝加哥世博会阿德勒天文馆

● 大角星距离地球约 40 光年

1893 年   1933 年

大角星

● 1933 年"到达"芝加哥世博会的大角星光线恰恰是 1893 年芝加哥世博会期间"出发"的。这一设计最巧妙地体现了两届世博会的传承和联系

● 大角星由此变得家喻户晓。三五成群的公众仰望星空指指点点，成了这届世博会的独特景观

● 1851 年伦敦世博会上的罗斯天文望远镜和库克天文望远镜

● 1867 年巴黎世博会的西克雷坦公司大型天文望远镜

taikong tanmi

太空探秘

● 1876 年费城世博会的海军天文台望远镜

● 1893 年芝加哥世博会上，叶凯士望远镜的镜片尚未打磨成功，便迫不及待向公众展示

● 1893 年芝加哥世博会叶凯士天文望远镜

● 叶凯士望远镜 18 米长的镜筒和 18 吨重的镜身

● 最轰动一时的望远镜出现在 1900 年巴黎世博会上，这是法国人德隆科尔制造的长 60 米、口径 1.25 米的"观天巨眼"

● 1900 年巴黎世博会上德隆科尔巨型天文望远镜

● 超高超重的身躯根本无法竖起，只能横卧在离地面 7 米高的水平支架上，靠一面镜子反射输入光线

● 这台望远镜完全是为世博会展览制作的，并没有考虑实用性

● 世博会闭幕后找不到一家买主，只能以解体告终，仅剩下硕大的镜头还保存在巴黎天文台

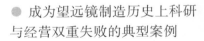

● 成为望远镜制造历史上科研与经营双重失败的典型案例

◉ 无法逾越的巨大尺度使天文学难以成为实验科学

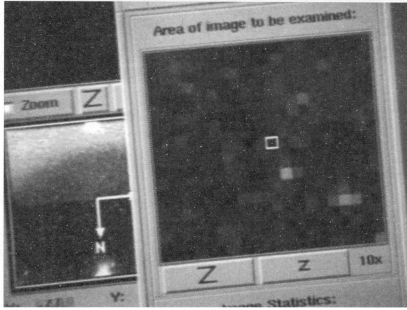

◉ 一切研究只能靠细微的观察和精密的计算。因此，没有望远镜就没有现代天文学

● 1608 年，荷兰眼镜制造商利普赛发明了望远镜

● 伽利略立即加以改造并指向苍穹，成为"发现新天空"的"哥伦布"

● 1609 年伽利略望远镜

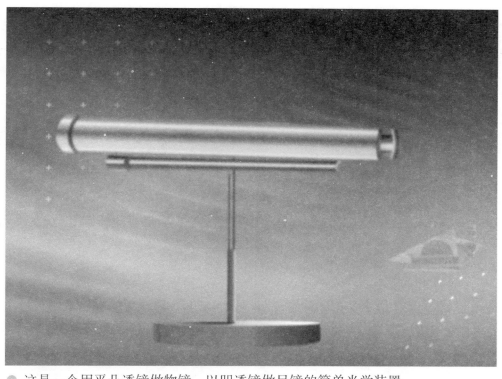

● 这是一个用平凸透镜做物镜，以凹透镜做目镜的简单光学装置

● 直径 4.2 厘米的大眼睛能比裸眼捕捉更多的光线并会聚在目镜后，让人看到一个更大、更亮的虚像

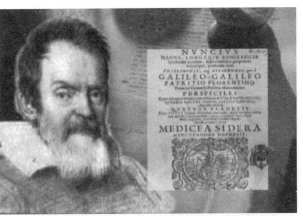

● 1610 年，伽利略发表了划时代的著作《星际使者》

● 朦胧的银河原来是无边的星海

● 皎洁的月亮竟然布满了环形山，灿烂的太阳哪知会有黑子

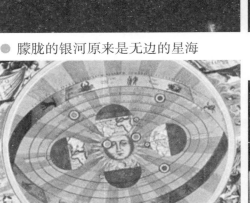

● 金星的相位变化和木星的 4 颗卫星恰恰是日心说最可靠的证据，伽利略手中的两小块玻璃永远改变了人类和自然的关系

● 伽利略的《星际使者》和改变世界的两只镜片

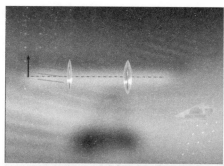

开普勒

● 1611 年，开普勒将目镜换成凸透镜并置于物镜的焦点之后

● 开普勒望远镜可以看到一个放大的颠倒实像，视场更宽广、成像更清晰

● 增大口径为了收集更多光线，降低曲率能减少球面像差

● 不断加长的焦距，形成了开普勒望远镜修长而壮观的独特造型

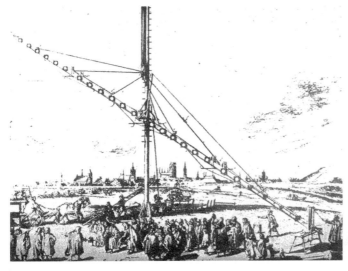

● 1673 年赫维留斯制造的 45 米长、4 透镜"长镜身"望远镜

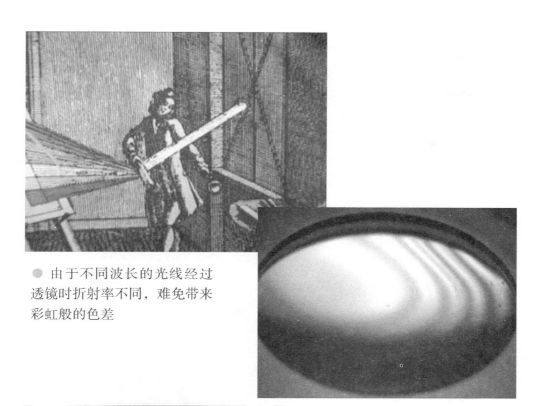

● 由于不同波长的光线经过透镜时折射率不同，难免带来彩虹般的色差

● 巨大的镜片只能靠边框支撑，长期重力作用会造成形变而影响精度

● 1668年，牛顿制造了第一架反射望远镜

● 牛顿反射式望远镜

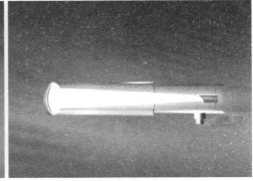

● 将折射光线的凸透镜变成了反射光线的凹面镜，主镜尺寸更容易增大，而且能用更多支撑点承受自身重量

● 反射望远镜很快成了大型天文台的首选和主流

● 1851年伦敦世博会举办时，天文学已经硕果累累

● 惠更斯、卡西尼、哈雷、赫歇尔、梅西耶、皮亚齐、夫琅禾费等一代代天文大师炳若群星

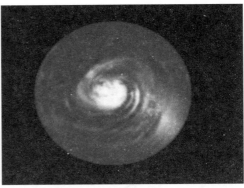

● 罗斯伯爵的 1.8 米反射望远镜已经能够看到遥远的旋涡星系

● 真正把望远镜神话推向高潮的是天文奇才海尔，他以"三级跳"的跨越，连续制造了 1.53 米口径的威尔逊天文台望远镜，2.54 米口径的胡克望远镜和 5.08 米口径的海尔望远镜

胡克望远镜

海尔望远镜

威尔逊天文台望远镜

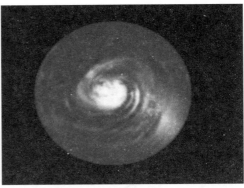

● 1923 年，哈勃用胡克望远镜发现仙女座等星系都是我们银河系之外遥远的"宇宙岛"

▼ 1929 年观测到遥远天体的光波被"拉长"而向光谱红端移动，并且"红移"量和距离成正比，为宇宙膨胀理论找到最确凿的证据

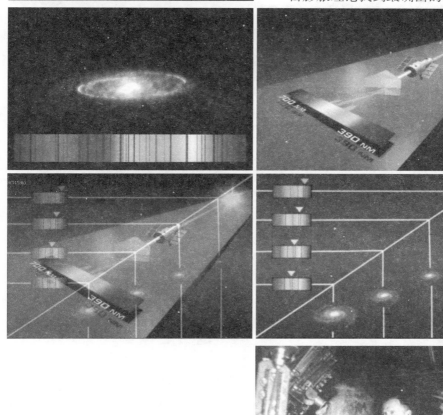

● 1931 年爱因斯坦在哈勃（中）陪同下观看胡克望远镜

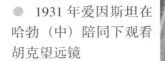

施密特

● 1930 年，施密特集中了折射和反射式望远镜的优点，制造出视场大、像差小的折反式望远镜

● 天文摄影技术也日臻成熟。观测工具的每次升级换代，都带来了天文学的新飞跃和大丰收

● 1962 年西雅图世博会开幕式的设计可谓独出心裁和别开生面。正在佛罗里达棕榈滩度假的肯尼迪总统按动"金键钮"

● 1962 年 4 月 21 日肯尼迪总统准备按动金键钮开启西雅图世博会

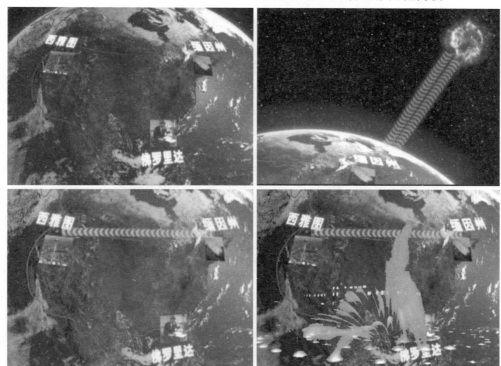

● 首先触发远在缅因州安杜夫的大型射电望远镜,接收到 10000 光年外仙后座 A 超新星遗迹的电磁辐射,这是天空中强度仅次于太阳的射电源,再将信号转送到西雅图世博会会场。刹那间无数声光电设备同时发动,2000 个气球腾空而起

● 这一开启仪式无疑最能紧扣"太空时代的人类"主题

● 和 1933 年用大角星光线启动芝加哥世博会相比，天文学更加突飞猛进，"射电天文学"已经成为异军突起的全新分支

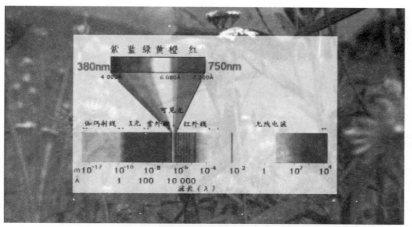

● 人类眼中的"万紫千红"原来只是电磁波中380纳米到750纳米波长的"可见光"

● 对于红外和紫外的波段我们就"有眼如盲",光学望远镜也"视而不见"了

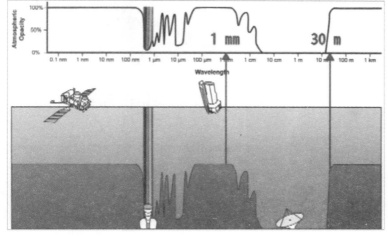

● 射电天文学的观测领域是天体发出的无线电波,波长从1毫米到30米之间,这是我们通过大气层瞭望太空的又一个宝贵窗口

● 1931 年 8 月，贝尔电话实验室工程师央斯基为了搜寻无线通讯中的天电干扰，在新泽西制作了一架 30 多米长的天线阵，安装在 4 个福特 T 型汽车轮子上

● 复制的 1931 年"央斯基旋转木马"

● 这座"央斯基旋转木马"无意中接收到了来自人马座方向银河系中心稳定的无线电波，从此宣告了射电天文学的诞生

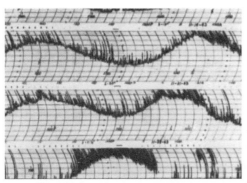

● 1937 年，美国工程师雷伯制造了第一架射电望远镜。1941 年扫描天宇，得到最早的银河系射电天图

● 雷伯 1937 年制造的第一架射电望远镜

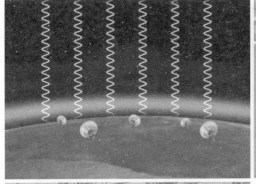

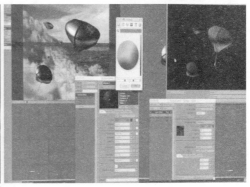

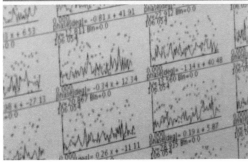

● 由于可见光在传播中会被星际尘埃阻挡，而无线电波却可以长驱直入，还有些天体只发出"非热辐射"，因此射电望远镜送来了许多新的谜团和答案

● 望远镜的空间分辨率和口径成正比，和波长成反比，无线电波段的波长比光学波段长百万倍，难怪射电望远镜个个看上去都"大模大样"和"大摇大摆"了

● 英国洛弗尔射电望远镜口径 76 米

● 澳大利亚帕克斯射电望远镜口径 64 米

● 美国格林班克射电望远镜口径为 100 米

● 德国埃费尔斯贝格射电望远镜口径为 100 米

● 1963 年建成的阿雷西伯射电望远镜口径达 305 米

● 英国科学家赖尔 1946 年
便制造出射电干涉仪

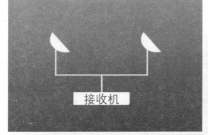

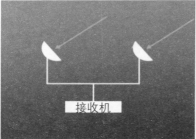

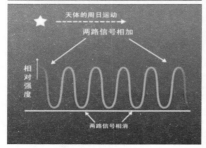

● 将一定距离下两个天线信号
的相位进行叠加，从而提高射
电望远镜分辨率

● 射电望远镜

● 1971年在剑桥大学建成综合孔径射电望远镜，8面13米口径的抛物面天线排列在5000米长的基线上

● 美国、荷兰、澳大利亚、印度急起直追，射电望远镜的灵敏度、分辨率和成像效果已经和光学望远镜并驾齐驱了

● 美国新墨西哥州甚大阵综合孔径射电望远镜

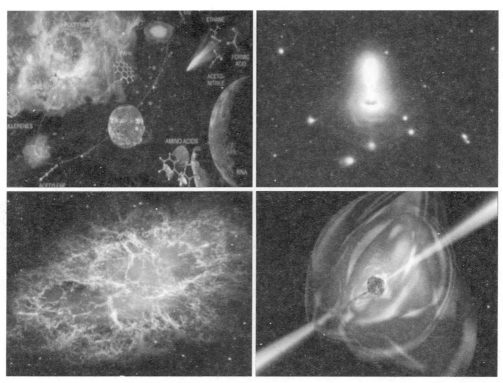

● 类星体、脉冲星、星际分子、微波背景辐射，20 世纪 60 年代天文学的这 "四大发现" 都是射电望远镜划时代的独特贡献

● 射电望远镜

第二篇

遨游太空
——人类飞天梦想成真

● 各民族的祖先都曾梦想摆脱大地的束缚，飞向浩淼的天宇

● 1901 年美国布法罗
世博会，"月球旅行"
的价值曾长期被忽略
和低估

● 这是汤普森为中途
乐园设计的游艺项目，
第一次用"飞行器"
将游客送上想象中的
"月球"

● 1901 年布法罗世博会中途
乐园"月球旅行"

● 1902 年，法国早期电影导演梅里埃尔根据儒勒·凡尔纳的科幻小说拍摄了 14 分钟电影《月球之旅》

● 该影片描述了 6 名科学家乘坐"炮弹"射向月亮以及在月球王国的许多奇遇

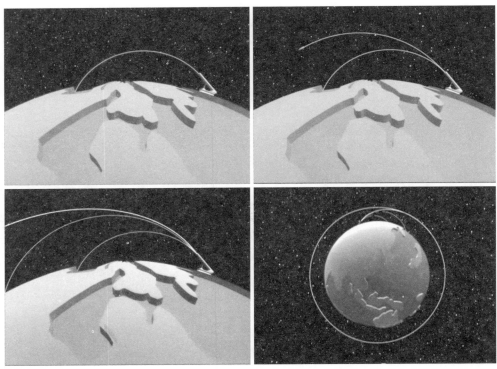

● 我们不妨以炮弹为例，飞行速度越快无疑会落得越远，当速度达到每秒 7.9 公里时，下落的弧度将和地球的曲率一致，炮弹就会绕着地球转圈而不再落到地面了。这便是理论上的"环绕速度"或"第一宇宙速度"

● 俄国宇航先驱齐奥尔科夫斯基1903 年便提出以液态氧和氢作燃料，用多级火箭达到宇宙速度

● 第二次世界大战中德国发射了
3000 多枚 V-2 火箭

● 以酒精和液态氧为燃料，速度能
达到每秒 1.6 公里，是最早的"亚轨
道飞行器"

● 二战期间德国发射 V-2 火箭

● 纳粹政权溃败前夕，美国以高度战略智慧实施绝密
的"回形针行动"，将布劳恩等德国第一流火箭专家和
资料器材席卷而去，苏联如梦初醒后亡羊补牢，急忙
将剩下的德国科学家和设备收拾干净

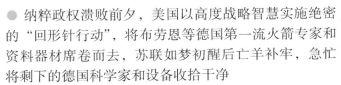

● 1946年布劳恩等104位德国火箭科学家在美国布利斯堡

● 毋庸置疑，后来的火箭都带有 V-2 血统，人们调侃说，"美、苏火箭在天上见面后，一定会以母语德文互致问候。"

● 1958年布鲁塞尔世博会拉开了太空时代的序幕，也宣告了"太空竞赛"的开始

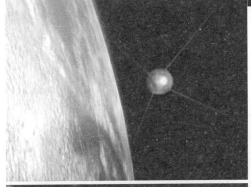

● 1957年10月4日，苏联用R-7捆绑式二级火箭成功发射了第一颗人造卫星斯普尼克1号，重83.6公斤，仅携带一台无线电发射装置，沿着远地点939公里的椭圆轨道运行3个月、1440圈

● 11月3日接着发射508.3公斤的斯普尼克2号，运行162天2570圈

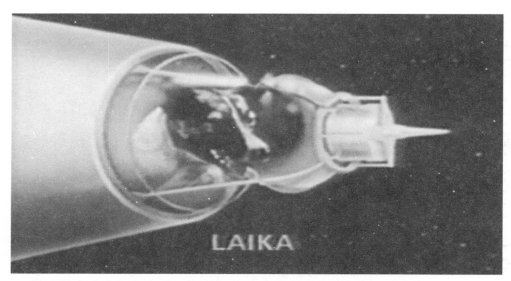

● 搭乘的小狗来伊卡在进入轨道 6 小时后因舱内高温而死去，但却留下了超重和失重时心率、血压、呼吸等生理数据，为人类进入太空铺平了道路

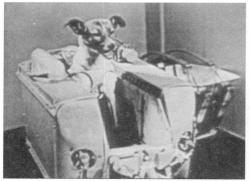

●这个莫斯科街头流浪犬成为万古流芳的第一只"太空狗"

● 罗马尼亚为庆祝苏联卫星斯普尼克 2 号而发行的邮票

● 布鲁塞尔世博会上，庞大的苏联馆中央高悬着两颗人造卫星的实体模型，千百万观众怀着不同的心态瞻望人类力量第一次"抛到天上不再掉下来的东西"

● 1958 年布鲁塞尔世博会苏联馆中央高悬着第一颗人造卫星

● 赫 鲁 晓 夫 放 言 "美国已经安睡在苏联的月光下"

● 白宫惊慌失措和心急如焚。这一局势隐喻着整个美国已经暴露在苏联的核打击之下

● 1958 年 1 月 31 日，美国成功发射了 13.97 公斤的卫星探索者 1 号，并用盖革计数器发现了地球上空的"范艾伦辐射带"

●1958 年 1 月 31 日美国举行探索者 1 号新闻发布会（右 1 为布劳恩）

● 1958 年 7 月 29 日艾森豪威尔总统签署《美国国家航空及太空法案》，正式成立国家航空航天局，简称 NASA

● 可见"太空竞赛"的本质是军备竞赛

● 1958 年 12 月，美国试图把第一个灵长目动物——猴子戈多送上太空而未能成功

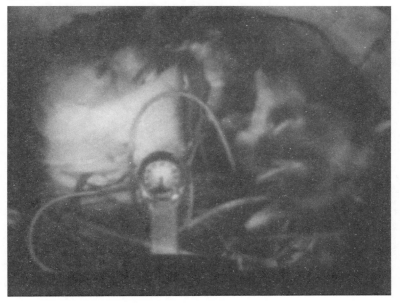

● 苏联却在 1960 年 8 月 19 日将两只小狗送上地球轨道并安全返回

● 1961 年 4 月 12 日，苏联空军上尉加加林乘坐东方 1 号飞船在远地点 301 公里的轨道上绕地一周，历时 108 分，然后从 7000 米高空跳伞安全着陆，成为人类历史上第一个"太空人"

● 辽阔的苏联国
土一片沸腾，莫斯
科举行盛大仪式欢
迎九天凯旋的英雄

加加林

▼ 1961 年 4 月 14 日加加林与赫
鲁晓夫观礼莫斯科红场欢迎仪式
的盛大游行

● 早期美、苏太空竞赛中，
苏联几乎连连得分，步步领
先，成为无可争议的赢家

● 1962 年西雅图世博会是在冷战时代"最冷点"和太空竞赛"最热点"召开的。苏联和东欧国家均未参加，人称"冷战世博会"

● 184 米高的太空针昭示着宇航时代到来

● 波音公司太空馆每10 分钟将 750 名观众送往"银河外"旅行

● 1962 年西雅图世博会 NASA 馆

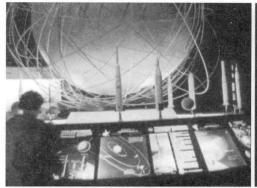

● NASA 馆第一次向美国公众展出了各种火箭、卫星和航天计划

● 最轰动的事件是当年 2 月 20 日，格林乘坐水星计划友谊 7 号飞船绕地 3 匝，历时 4 小时 55 分 23 秒，成为美国第一个"太空人"

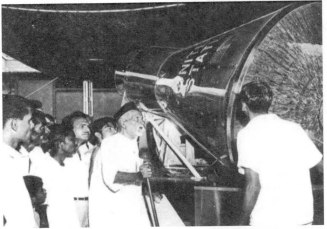

● 世博会上展出了格林的太空舱，此后便送到史密森尼博物馆永久保存

● 5 月 10 日，格林在布劳恩陪同下来到世博会，所到之处追慕者如醉如狂

季托夫

格 林

● 有个情节颇富戏剧性，苏联第二个太空人季托夫也以私人名义出席了西雅图世博会。当记者向这两位"太空人"问道"在天上是否见到了上帝"时，季托夫回答"我只相信人类的力量、潜能和理性。"格林则回答说"上帝不会小到让你能从外层空间看到他。"

● 而在西雅图世博会开幕前的 1961 年 5 月 25 日，肯尼迪总统便向全世界宣布一项重要的国家目标，在 20 世纪 60 年代之内把人类送上月球

●航天史上最壮阔和浩大的阿波罗登月计划拉开了序幕

● 1964 年纽约世博会也是美国向月球进军的誓师会和动员会。NASA 和国防部联合开设了"太空园",将美国航天的家底扫数展出

● 高耸的火箭鳞次栉比,各种卫星、飞船目不暇接,大有"沙场秋点兵"之势,特别阿波罗飞船和大推力运载火箭土星 5 号全阵容亮相,令登月计划深入人心

● 1964 年纽约世博会"太空园"展出的土星 5 号火箭推进器

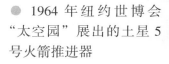

● 1967年蒙特利尔世博会是阿波罗计划的又一次造势，美国圆球形展馆顶部的太空观景台展示了登月方案的细节和实体模型

● 1967年蒙特利尔世博会美国馆展出阿波罗登月计划

● 到了1970年大阪世博会，美国馆已经成为阿波罗计划大获全胜、庆功献捷的发布会

● 1970年大阪世博会美国馆展出阿波罗登8号指令舱

● 1969年7月16日，阿波罗11号从佛罗里达州肯尼迪航天中心升空，休斯敦时间7月20日下午4时17分43秒在月球"静海"着陆

● 7月21日凌晨2点56分，宇航员阿姆斯特朗的左脚踏上了月面，并说出了万古流芳的名言"这是一个人的一小步，却是人类的一大步。"

● 阿波罗计划的成功是世界文明史空前的奇勋

 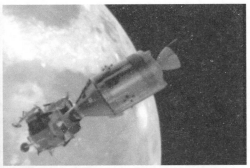

● 科学家选择了绝妙的"月球轨道集合"方案,由较大的指令-服务舱携带较小的登月舱进入月球轨道,登月舱又由形同蜘蛛的"下降级"和"上升级"两部分组成

● 与指令-服务舱分离后"下降级"逆向点火减速着陆，一名宇航员留在指令-服务舱内继续绕月球飞行。返回时"下降级"被弃置，"上升级"克服很小的月球重力起飞，与指令-服务舱会合后留在绕月轨道上直至坠毁。装有隔热层的指令舱进入地球大气层前再次丢弃服务舱并张伞溅落

● 阿波罗计划共有 6 次、12 名宇航员登上月球，先后投入人员 40 多万，资金 254 亿美元，不仅全面增进了对月球的认识，也带动了航天、通信、计算机等产业迅速发展

● 阿波罗 1 号 3 名宇航员不幸遇难和阿波罗 13 号化险为夷的故事，则永远载入人类的航天史册

● 大阪世博会上，美国馆的"镇馆之宝"是阿波罗 11 号运回地球的"月亮石"，公众要排 5 小时队才能看看阿姆斯特朗用钻杆从另一个星球上凿下的神奇标本

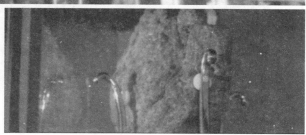

● 阿波罗 8 号指令舱的"原件"和阿波罗 11 号登月舱的模型前人潮涌动，6400 万观众沐浴了"阿波罗"带来的"月光"

● 苏联馆巨大的火箭和联盟号飞船昂然挺立

● 阿波罗的捷足先登已经宣告了美国在"太空竞赛"中获胜

● 1975 年 7 月，阿波罗飞船执行最后的使命，与苏联飞船联盟 19 号在太空"握手言欢"

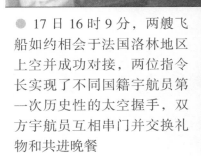

● 17 日 16 时 9 分，两艘飞船如约相会于法国洛林地区上空并成功对接，两位指令长实现了不同国籍宇航员第一次历史性的太空握手，双方宇航员互相串门并交换礼物和共进晚餐

● 1975 年 7 月 17 日阿波罗飞船和联盟 19 号飞船对接示意图

● "美苏太空争
霸战"到此画上了
句号。这是世界和
平的福音和航天技
术的凯歌

第三篇

太空中的"科学宫殿"
——宇宙空间站

● 1986 年温哥华世博会的"领衔主演"仍是美国和苏联馆

● 给时代定调的主旋律仍是太空技术

● 苏联展出了 33 米长、35 吨重的宇宙空间站，一任游客自由参观和穿行

● 美国馆则展出了正在筹建的"自由空间站"

● 1971 年 4 月 19 日，苏联成功发射了世界第一个宇宙空间站礼炮 1 号，这是个 20 米长、直径 4 米的"两室一厅"

● 1971 年 6 月 6 日，联盟 11 号飞船首次与礼炮 1 号成功对接

● 尽管返回时因座舱失压导致 3 名宇航员遇难，但他们已经在礼炮 1 号上逗留了 23 天

● 宇宙空间站是长期运行在近地轨道——即距离地面 160 公里至 2000 公里的太空基地

● 宇宙空间站为宇航员提供居住和工作条件，携带复杂仪器和望远镜，利用高真空和微重力进行科学实验，并成为天上的接待站和仓储站

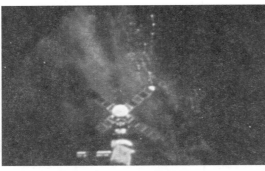

● 美国 1973 年 5 月 14 日发射
了 77 吨重的"天空实验室"

● 1986 年 2 月 20 日，苏联
把第一个长久性空间站和平
号送上了天

● 经过 10 年不断"添砖加瓦"，1996 年和平号空间站最后落成时长达 87 米，
重 135 吨，约 90 分钟绕地球 1 周。先后有 12 个国家 104 人在和平号空间站进行
过 23000 项科学实验

● 拍摄于 1998 年 6 月 12 日的和平号宇宙空间站

● 然而由于设备老化和资金匮乏，俄罗斯最终决定忍痛将它坠毁。2001 年 3 月 23 日是和平号空间站大限到来的日子，许多人从世界各地专程赶到斐济海岸，为鞠躬尽瘁的和平号最后送行

● 凌晨 6 时，空间站解体的碎片如同耀眼的花雨洒进南太平洋波涛

● 几位俄罗斯宇航员面对大海失声痛哭，阿弗迪耶夫 3 次升空累计在和平号工作了 747 天半，那里已经是他们心中的第二个家

● 1998 年 11 月 20 日，美国、俄罗斯、日本、加拿大、巴西和欧洲空间局共同筹建的阿尔法国际空间站发射了第一个曙光号功能货舱

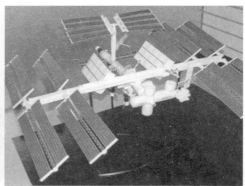

●2000 年 11 月 2 日，三名宇航员首批抵达国际空间站

● 建成后的国际空间站

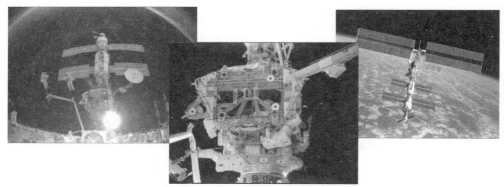

● 2005 年日本爱知世博会第一次展出了国际空间站模型，比和平号宇宙空间站大 4 倍，预计 2011 年 12 月最后建成。这是人类在太空营造的大型科学宫殿，也是世界各国通力合作，联手放飞的超级人造卫星

第四篇

太空雄鹰——航天飞机

● 1984 年新奥尔良世博会原本以水为主题

● 企业号通过波音 747 空运和密西西比河水运来到了世博会现场，成为喧宾夺主的一大巨观。不过企业号只是从未进入空间轨道的测试机

● 新建造的首架航天飞机企业号

● 1986 年温哥华世博会上，美国馆放映了 6 分钟宽银幕电影，展现了航天飞机升空的潇洒与壮美

● 航天飞机像火箭般垂直起飞

● 像卫星般绕地运行

● 像飞机般滑翔落地

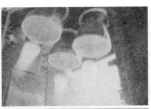

●如同 12 海里被定义为领海和公海的分界，100 公里高的"冯卡门线"也被视为领空和太空的边线。航天飞机便穿梭往返于太空和地面之间。巨大的铁锈色外挂箱装满液态氢和氧，给三台主发动机提供燃料同时成为航天飞机升空时的"脊梁"，8 分半钟后脱落丢弃；一对固体推进火箭在最初起步时提供 80% 以上的升力，2 分钟后分离并用降落伞回收

● 最精华和核心的部分是轨道器，即航天飞机机身

● 三角翼的外形适应大气中高超音速、超音速、亚音速和水平着陆的各种飞行

● 装载 7 名乘员和 30 吨辎重，机械臂在失重空间能搬运大质量物体。航天飞机由 250 多万零部件组成，可反复使用百次

● 1981 年 4 月 13 日哥伦比亚号航天飞机升空

● 自 1981 年 4 月 13 日哥伦比亚号首航后，挑战者号、发现者号、亚特兰蒂斯号、奋进号相率登场，成为太空中的一代天骄和生龙活虎

● 航天飞机搭载卫星和修理卫星，为宇宙空间站迎来送往和搬有运无

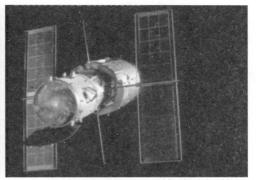

● 施放哈勃空间望远镜并治好他的"近视眼"

● 让人类观察到了"全波段"的宇宙

● 1993 年奋进号宇航员马斯格雷夫在机械臂上维修哈勃空间望远镜

太空探秘

● 在无数次飘飘欲仙的太空漫步中，宇宙服是最小巧、精细和贴身的"个人飞船"

● 1992 年 9 月 12 日，奋进号宇航员马克和戴维斯成为第一对太空伉俪

● 1998 年 10 月 29 日，美国第一位太空人格林以 77 岁高龄登上发现号重返太空

● 航天飞机作为穿梭于天壤之间的精灵，为一个时代留下太多的美好记忆

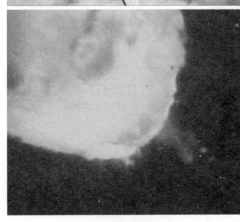

太空探秘

● 苏联航天飞机暴风雪号的无疾而终则令人深深惋惜。最难忘 1984 年 10 月 5 日挑战者号升空时爆炸和 2003 年 2 月 1 日哥伦比亚号降落时解体，悲壮的一幕如苍鹰击殿和白虹贯日，永远定格在史册中，让人类懂得探索宇宙的征途上有时必须付出牺牲和擦去眼泪

● 2010年后，现存的三架航天飞机将全部退役，由更加安全可靠的新一代航天器奥赖恩接班

● 美国已经从"多功能"思路回归到升级版的阿波罗框架，奥赖恩还将承担月球旅行乃至火星探测的重任

世博会的科学传奇

shibohui de kexue chuanqi

第五篇

探访地球的邻居
——太空探测器

● 其实人类的航天活动早就不限于做地球的"表面文章"了，美苏两国在太空竞赛伊始便"探骑四出"，以第二宇宙速度冲出地球引力，造访太阳系的各位"邻居"

● 1964 年纽约世博会上，美国 NASA 隆重展出了 1962 年 8 月 27 日成功发往金星的第一个探测器水手 2 号和阿特拉斯二级运载火箭

● 1964 年纽约世博会美国馆展出"水手 2 号"金星探测器

● 经过 2.9 亿公里、108 天的"奥德赛"漂泊，水手 2 号从金星上空 3500 公里空中飞越，拍摄了最早的金星全景照片并证实了这里地面温度高达 450 摄氏度

● 此后美、苏竞相发射的金星探测器达 40 多个，有些在炼狱般的表面降落后熔化，有些成为金星的人造卫星，其中以 1985 年亚特兰蒂斯号航天飞机送入航程的麦哲伦号探测器最为精良和功勋卓著

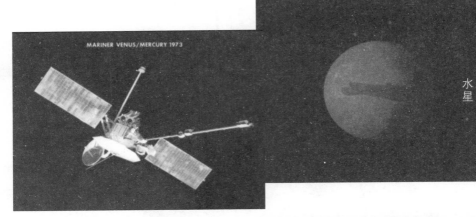

水星

● 水星的第一个探测器是 1973 年 11 月 3 日发射的水手 10 号

● 3 次飞临水星上空并送回了 2800 幅照片，至今仍在绕太阳运行

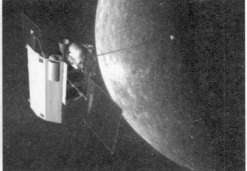

● 2004 年 8 月 3 日发射的信使号让我们更全面认识了水星这颗离太阳最近的"小兄弟"

● 火星则是除地球之外人类了解最多的太阳系行星

● 1964 年 11 月 28 日美国发射水手 4 号火星探测器

● 证实火星是一个既没有生命更没有"运河"的荒寂世界

● 从此科幻小说家再也不写"火星人"了

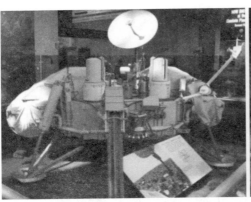

● 在美、苏两国的 30 余个火星探测器中，1975 年 8 月 20 日发射的海盗 1 号和随后发射的海盗 2 号最为杰出

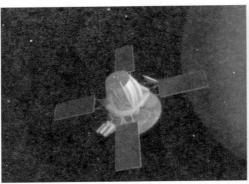

● 两个"海盗"的着陆器分别于 1976 年 7 月 20 日和 9 月 3 日降落在火星表面

● 先后传回数万张高清晰度照片

● 最不可思议的是
2004 年 1 月 4 日在火
星登陆的漫游车勇气号
和 3 个月后在火星另一
个半球登陆的机遇号

● 火星漫游车"勇气号"

● 设计寿命原为 3 个月，但由于火星的风能拂去太阳能电池板尘埃和地球上的
高超控制，这两个漫游车 5 年多来爬沟越坎、屡蹶屡振，至今依然保持着顽健的
活力

● 相比之下，2008 年 5 月 25 日在火星北极登陆并发现了水的凤凰号却耐不住严寒，于当年 11 月 10 日和地球失去了联系

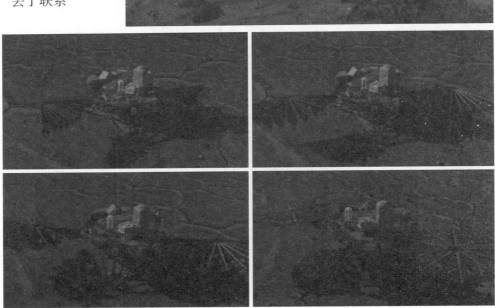

● 人们仍在千呼万唤，期盼着这只"凤凰"从冬眠中醒来

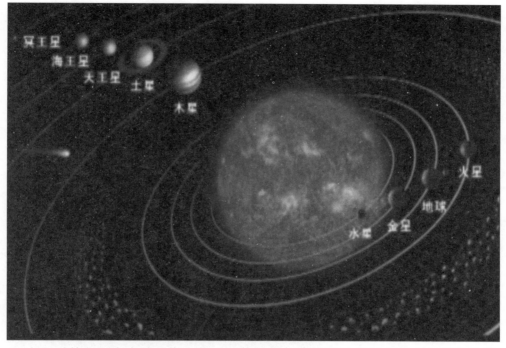

● 太阳系外圈硕大虚胖的类木行星不像结实紧凑的类地行星那样有着界限分明的岩石外壳，而是由气态和液态的氢、氦、氨与甲烷构成

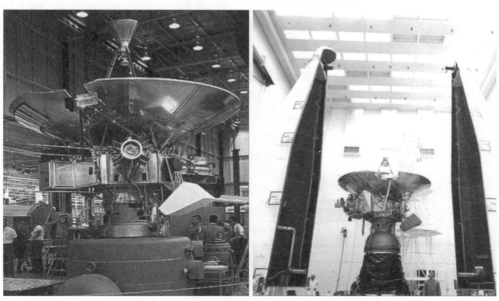

● 先驱者 10 号和 11 号就是最早"远走高飞"探测类木行星的一对"姐妹"

● 1972 年 3 月发射的先驱者 10 号飞向木星

▶ 1972 年 3 月 3 日先驱者 10 号启程，次年 12 月发回第一组木星照片

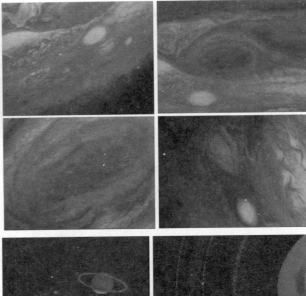

● 1983 年 6 月跨过海王星轨道并以第三宇宙速度沿双曲线飞出太阳系，此后便"渐行渐远渐无书"

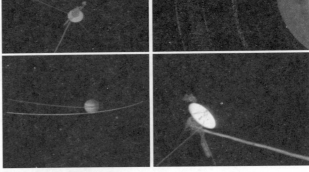

● 于 2003 年 1 月在 120 亿公里外的太空和地球失去了最后联系

● 先驱者 11 号飞向土星

● 先驱者 11 号于 1973 年 4 月 6 日出发后不仅访问木星，而且利用木星的引力改变飞行轨道

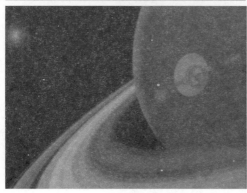

● 1979 年 9 月到达土星，此后也离开太阳系一去无踪

● 1977年8月20日和9月5日上路的旅行者2号和1号是又一对"孪生姐妹"，她们最大的特色是抓住176年一遇的外行星直线排列机遇，利用天体引力的"弹弓效应"连续加速

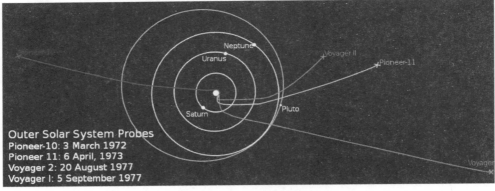

Outer Solar System Probes
Pioneer-10: 3 March 1972
Pioneer 11: 6 April, 1973
Voyager 2: 20 August 1977
Voyager I: 5 September 1977

● 先驱者10号11号和旅行者1号2号运行路线图

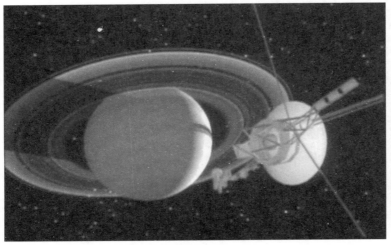

● 后起步的旅行者1号"走捷径"，于1979年初和1980年底先行到达木星和土星，饱览了两个"太阳系巨人"及其卫星的风采

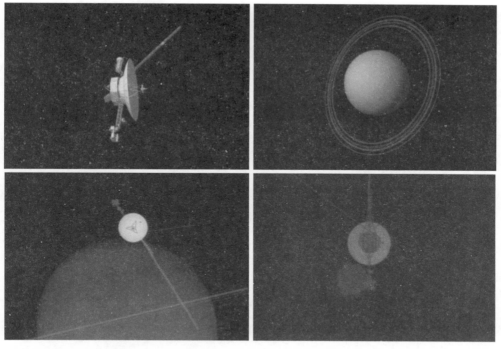

● 旅行者 2 号则于 1986 年 1 月和 1989 年 8 月分别对天王星和海王星近距离观察，送回了最丰富珍贵的情报

● 目前旅行者 1 号是距离地球最远的人类使者，从 165 亿公里外发回地球的信号要 15 小时才能到达

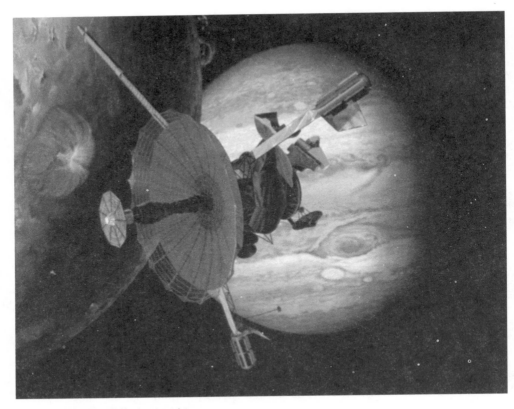

● 伽利略探测器绕木星运行

● 令人叹息的是，专门到木星"蹲点"的伽利略号探测器忠诚服务了14年，2003年9月21日在环绕木星第35周轨道上接到地球的"自杀"指令

● 以每秒50公里的速度栽进木星的深渊，此举为了避免可能携带的地球细菌对木卫二欧罗巴的"星际感染"

● 太空中接下来的大举措发生在
2005 年 1 月 14 日，惠更斯探测器从
卡西尼轨道器脱离，随后在土星最
大的卫星泰坦上空张开降落伞，实
现了人类最遥远的登陆

● 惠更斯–卡西尼号探测土星光环

● 试看今日太阳系，我们已经遍访了八大行星，唯一留下的空白是因为"不能清扫和吞并轨道内其他天体"而在 2006 年被开除行星籍的冥王星，但"待遇"却并没有多大变化

● 2006 年 1 月 19 日发射的新视野号探测器将于 2015 年 7 月到达这颗矮行星进行"正式访问"，并带来了发现者汤博的部分骨灰

汤博

第六篇

中国的飞天事业

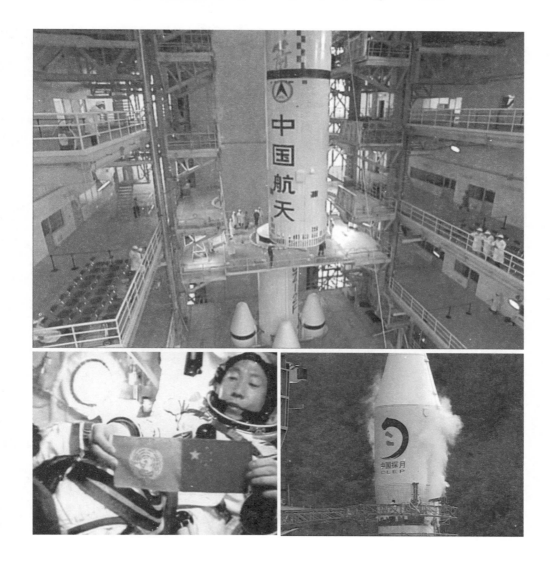

● 中国航天的异军突起给人类的太空事业带来了新的气象

● 1992年塞维利亚世博会和1993年大田世博会上，中国都展出了西昌火箭发射塔和长征系列火箭模型

● 伴随着亚洲卫星一号和澳星发射成功，中国迅速成为世界火箭发射商务市场的一支劲旅

● 1998 年里斯本世博会中国表演了卫星模拟发射

● 2000 年汉诺威世博会上，中国馆展出了自己未来的太空梭、宇宙空间站和月球漫游车，世界看到了一个民族的远大目标和宏伟抱负

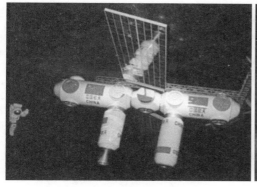

中国馆的宇宙空间站

中国馆的登月漫游车

● 2003 年 10 月 15 日 9 时神舟 5 号飞船冲天而起，中国成为继苏联、美国之后第三个独立载人航天的国家

● 2008 年 9 月 25 日神舟 7 号实现了空间出舱活动

● 2005 年 10 月 12 日，神舟 6 号完成"多人多天"太空翱翔

● 杨利伟、费俊龙、翟志刚等名字也永远写进了世界航天英雄谱

● 2007 年 10 月 24 日嫦娥 1 号成功奔月

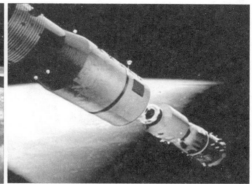

● 2010 年建造空间站的天宫计划正在实施

● 2012 年"追赶太阳"的夸父计划已经启动

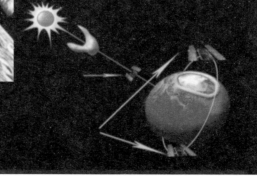

● 中国人正稳扎稳打和后劲十足，实现着古老而辉煌的飞天之梦

● 2010 年上海世博会的会旗已经由神舟 6 号搭载着环绕全球

● 中国航天科技集团等建造的太空家园馆将带给 7000 万观众全新的感受和体验

第七篇

写给未来的信——
"时间仓"

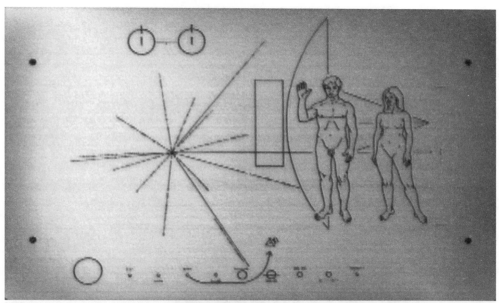

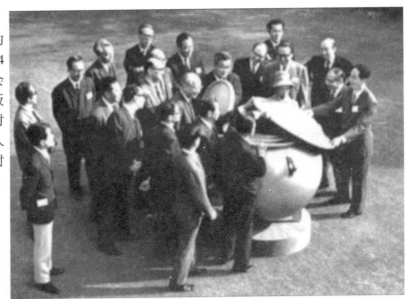

● 1939 年纽约世博会、1964 年纽约世博会和 1970 年大阪世博会都曾对 5000 年后的人类投放了"时间仓"

● 将精心甄选的千余件物品放进密封的金属容器并埋入地下，让遥远的子孙能解读祖先的历史和文明

● 而我们发往太空的探测器则携带过另一种"时间仓"。先驱者 10 号和先驱者 11 号都在天线主柱下镶嵌了一块镀金铝板，长 23 厘米宽 15 厘米，一对男女的裸体画像是人类的自我介绍和亲切问候，简单的图示和符号通报了太阳和九大行星在银河系的位置

中性氢原子产生21厘米电磁波谱线的自旋跃迁

先驱者号探测器的外形轮廓表现出它与人体尺寸的相对大小

用二进制表示的十进制数字8（指女性身高约为中性氢21厘米电磁辐射波长的8倍，即168厘米）

用代表二进制数字的线段显示太阳相对于14个脉冲星及银河系中心的位置

太阳系行星和用二进制数字表示的彼此位置关系

● 先驱者号探测器上的镀金铝板

● 这是美国著名天文学家和科普作家卡尔·萨根与夫人琳达·萨根共同设计的

● 旅行者 1 号和旅行者 2 号搭载的"时间仓"则是一张铜质镀金唱片《地球之声》，记录了风涛雷电、鸟兽虫鱼等天籁和 55 种语言的问好以及不同民族乐器的演奏

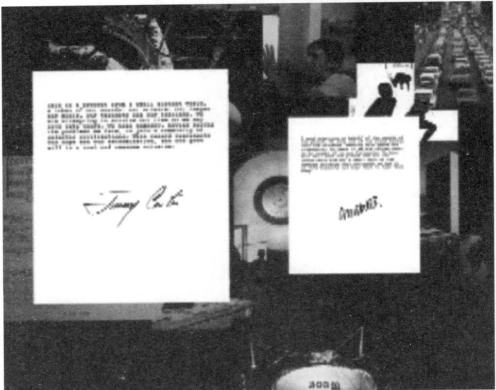

● 其中包括中国古乐《流水》。还有 115 张图片，时任联合国秘书长瓦尔德海姆和美国总统卡特的信

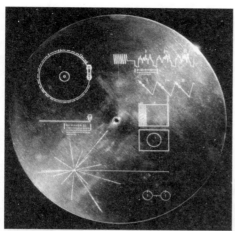

● 唱片封套铀 238 镀层的半衰期能标识它的"年龄"

● 如今这 4 个探测器都永远离开了地球母亲和太阳系家园，成为茫茫星际间的"宇宙漂瓶"

● 她们经得起地老天荒，她们的寿命将比太阳系更长。如果亿万年后真有其他星系的智慧生命获取并解读这些"时间仓"，一定会被地球人类的友善和多情所深深感动

太空探秘

● 更贴近现实的"太空时间仓"是联合国教科文组织列入"21世纪工程"的 KEO 计划，这一命名源自 K、E、O 三个字母是世界大部分语言里出现频率最高的发音

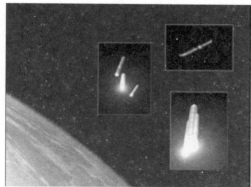

● 欧洲阿丽亚娜火箭将在 2010 年至 2011 年间发射一颗 KEO 卫星，于悠悠 5 万年后返回地球

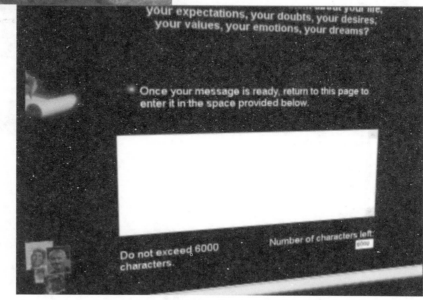

your expectations, your doubts, your desires,
your values, your emotions, your dreams?

■ Once your message is ready, return to this page to enter it in the space provided below.

Do not exceed 6000 characters.

Number of characters left: 6000

● KEO 计划号召全世界 60 亿人不论国籍信仰、贫富贵贱，都为 5 万年后的人类写一封信，并平等拥有 6000 字符的话语权

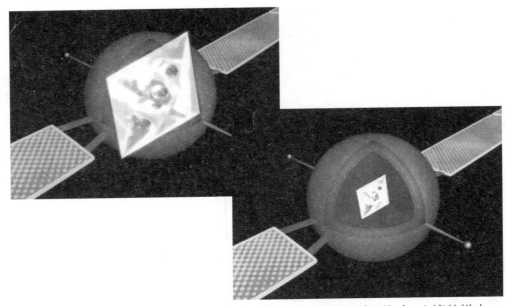

● KEO 卫星还携带一枚人工钻石,内含一滴人类血液和空气、海水、土壤的样本

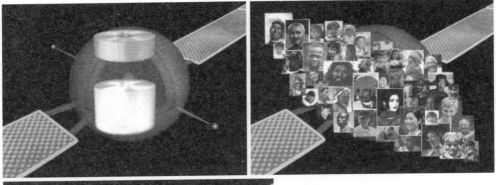

● 拥有巨大容量的玻璃光盘将录入人类掌握的各种知识,成为一座"现代亚历山大图书馆"

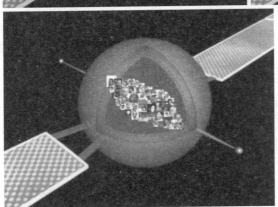

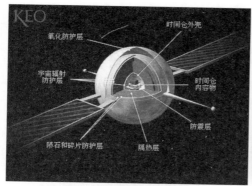

KEO

氧化防护层

时间仓外壳

宇宙辐射
防护层

时间仓
内容物

防震层

陨石和碎片防护层

隔热层

● KEO 卫星时间仓

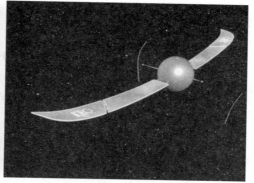

● KEO 时间仓无需埋入任何国家领土，不怕地球环境销蚀，可以算"交给上帝保存"了

● 当我们提起笔来准备给500个世纪后的子孙留下自己的肺腑之言时，大约都会进入一种圣洁崇高而温馨慈爱的心境吧

也许没有一种科学像天文学那样伴随着全部人类文明的进程，深刻影响着哲学、宗教和文化的发展，并把全人类团结起来。未曾仰望星空的人不会有深刻的思想，而探索宇宙的激情常常伴随着宽广的胸怀和纯洁的心灵。

　　我们一切努力的终极意义和永恒价值是什么？人类存在的合理性和继续永久存在的可能性在哪里？当我们建立起清晰的宇宙概念并彻悟到自身的确切位置时，科学就会成为信仰的一部分。继续开拓知识的疆界，走向宏大和辽阔，是我们这颗行星上每一代人的不懈追求和无上荣光。

互动问答：

1. 你能区分出反射望远镜和折射望远镜吗？
2. 你能为人类的下一次登月设想一种更绿色的方案吗？
3. 你愿意加入 KEO 计划为 5 万年后的人类写一封信，留下自己的肺腑之言吗？

（截图整理：张 莉）